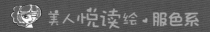

美人悦读绘·服色系

SHIMEI

饰魅

向日葵 主编

U0342023

农村读物出版社

图书在版编目（CIP）数据

饰魅 / 向日葵主编. —北京：农村读物出版社，2013.6
（美人悦读绘. 服色系）
ISBN 978-7-5048-5692-0

Ⅰ．①饰… Ⅱ．①向… Ⅲ．①女性－服饰美学－通俗
读物 Ⅳ.①TS976.4-49

中国版本图书馆CIP数据核字(2013)第106103号

策划编辑	黄　曦	
责任编辑	黄　曦	
出　　版	农村读物出版社	（北京市朝阳区麦子店街18号　100125）
发　　行	新华书店北京发行所	
印　　刷	北京三益印刷有限公司	
开　　本	880mm×1230mm　1/32	
印　　张	3	
字　　数	100千	
版　　次	2013年6月第1版　2013年6月北京第1次印刷	
定　　价	20.00元	

目录 Contents

Contents

饰
魅

前言

不爱饰品的女人，不能算纯女人。饰品寄托了女人的小情怀，让女人更像女人。女人的一身装扮，要找重点，饰品肯定能吸引眼球。合适的饰品提气，不妥当的饰品泄气，如果希望身上的饰品真正做到画龙点睛，就要花心思好好寻觅。

Foreword

饰物搭配，有通则，也要因人而异。适合A的，不一定适合B。饰物需要照顾到人的气质和性格特点，然后锦上添花，如同神来之笔。

　　寻找一件适合自己的饰物，如同寻找自己的重要伴侣。在发梢，在腰间，或如精灵点缀，或如绕指柔情，寻它千百度，只为回眸的火石相碰的心有灵犀。

　　说首饰配饰，说女人的万种风情。青春有青春的心事，雍容有雍容的淡定，你赋予饰物以情，饰物还你以心。

　　美人配美饰，一同进入饰魅之旅。

经典首饰

所谓经典，
那定是拥有了轮回不灭的精致内心。

饰魅

♦ 闪亮华冠——头饰

只是发上的风景，也有千千万万。

那些美丽的发饰，或依附在秀发上，或凌驾其上，或隐约其间。它们在与秀发一同赶赴一场盛会。

青葱者，只用发圈或发绳就能诠释青春。一把简单的马尾，或者两条粗粗的麻花辫，富有弹性的发质，可接纳最朴实的发饰材质。

萝莉气质最适合用发带或发箍来营造了。鲜艳的颜色，梦幻的造型，公主梦不用醒，请继续，请继续。

发夹也许是属于淑女的，顶上夹或束发夹，都能凸显恬静和美好。闪耀的发夹，不用言语，能透过低垂的发帘，直击内心。

古典美女们，是不忍舍弃发簪的。松松地挽个发髻，那一簪挑起的朦胧，让人怜爱无比。

头冠并未退下时尚舞台，作为幸福的新娘，万众瞩目，怎能没有聚焦的神器。小小的华冠稳稳地落在发间，亲爱的，今天，一定是你最闪亮，不用谦虚。

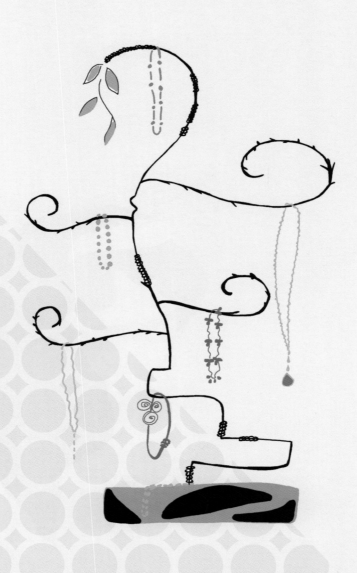

项上缠绵——项链与项圈

女人最性感的部位，有人说是饱满的胸部，有人说是纤细的腿部，还有人说是婀娜的腰部，其实，还有一个部位是男人们最常瞩目的，那就是颈部。

最让人怜爱的低头一刹那的那抹温柔，如果没有玉颈参与其中表达，那会逊色多少。因此，颈部是个应该给予重视的美妙部位。

项链和项圈，就是为了让颈部更美而诞生的。

先不说材质，光是长短，就赋予了颈部不同的风情。短的优雅，长的潇洒。即使颈部不够完美，那也可以凭借饰物的修饰作用得到弥补。

项链的选择和性格还是很有关系的。性情温柔和内敛的，喜欢细款，颜色也会选择比较安全的温和色调，材质上，当然是稳定性高的贵金属为上。性情奔放的女子，更注重项链的夺目效果。色彩和款式，更追求新意。

项圈的驾驭难度要大于项链，更强调的是与服装的交相辉映。脖子粗短者最好不要尝试。因为这样会更强调硬朗气质，让女性味道丧失殆尽。

♦ 环佩玎珰——耳环

　　《孔雀东南飞》里曾经这么描写刘兰芝：腰若流纨素，耳著明月珰。可想环佩玎珰给女性的婀娜身姿增添了多少充满现场感的美丽。

　　耳环依附在耳垂上，既是画龙点睛的神来之笔，又有独立的自得。随着女性的一笑一颦，用自己的方式表达着女子内心的情绪。

最可贵的是，只要女子愿意，耳环还能"奏"出动听的专属自己的那首曲子，或悲伤，或欢快，在丁冬之间，无需开腔，冷暖自知。

古典者，青睐石之美者，玉质兰心，内敛优雅，悠然芬芳；新潮者，不拘形，不拘质，夸张到极致，只为做万绿中的一点红，引人注目。

如果想要低调的奢华，可让耳环变身耳钉，轻轻吻上耳垂，只一点，浮世繁华，只隐约成一星半点间或闪烁的光芒，那种大隐隐于市的自信，也许更能诠释出人性的美感。

蓝宝石、红宝石，甚至钻石，没有什么材质不能用这种物化的方式来呈现，方寸之间，刚好把那种经过千万年沉淀的光华渲染得恰到好处，无论佩戴者，还是观赏者，都心无压力，毫无芥蒂。

耳环并非女性专属，在某些时候，男人们也需要用耳环来表达自己的生活态度，有些不便言说的内心，交给耳环，也许比大声宣告来得更有力量。

耳环的故事，可以简短，也可以言尽，意未绝。

◦ 绕指之柔——戒指

与其说戒指是一种饰物，不如说戒指是一种语言，它们和五个指头配合，共同表达独有的含义。

戒指和五个指头的配合，国际比较通行的说法是这样的：

戴在**拇指**——
自我、率性；正在寻觅对象。

戴在**食指**——

已有情人；想结婚
而尚未结婚。

戴在**中指**——

处于热恋之中，订婚。

戴**无名指**上——
已订婚或结婚。

戴在**小指**——
表示单身或离婚或决心独身。

　　当然，如果要追求个性的表达，也可完全把这些含义抛开，更着重戒指的装饰意义。如果是那样，索性就五个指头爱戴哪个算哪个，可以戴三个，也可以都戴上，那也是一种独特的风格。

样式的选择上，如果是婚戒，需要配合仪式感和体现婚姻的庄严性，如果纯粹是装饰，那就可以随意了，粗犷的，精致的，可爱的，随心而动。

如果觉得金戒指俗气，可以用镶嵌的工艺来变变花样。想表现平民的亲和气质，银质的戒指是个不错的选择，可配合繁复的雕琢工艺，看上去也是很有艺术感的。钻戒是女人的心头大爱，料想没有女人能够拒绝，如果不是为了炫耀财富，那就没有必要纠结到底是几克拉的了，只要样式好看，够有新意，那也是自己专属的美丽。

◆ 玉腕风情——手镯与手链

　　看古代的仕女，宽大的袖子下，隐
隐约约露出那截如嫩嫩的莲藕般白净的
手腕，那手腕上不可缺少的饰物，就是
手镯。

　　古代的手镯大多是玉质的。温润细腻，如同女子的性情。也有一些大富之家选择金质的镯子，那是为了炫耀财富和身份。少数民族的女孩也很注重手腕上的装饰，选用的大多是银质材质，雕琢得非常精美，作为陪嫁大礼伴随女子的一生。

　　手链算是手镯向潮流做的一种妥协。刚性的质地，对于职业女性来说，有点不够方便，磕碰之间，还容易损伤手镯的主体，如果换成柔软的手链，这问题就能解决了。另外，手链比起手镯来说，更有兼容性，可和各种时尚元素配合呼应，材质上，样式上，都能变换成更绚丽的花样和色彩。

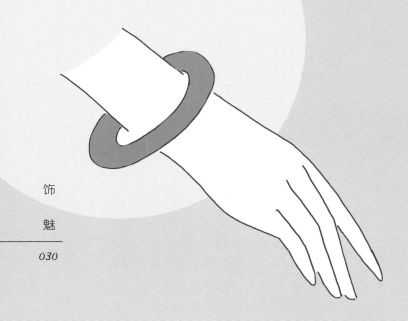

　　手链是很适合DIY的饰物，只要有耐心，有爱心，就可以选到自己心仪的元素，做出独一无二的手链。可简洁到极致，用几根皮绳打结做出拙朴的风格，也可用细密的珠子，串成繁复但饱含新意的珠链。

　　饰物也是有生命的，能给它们注入生命的，不是别人，正是热爱生活的你。

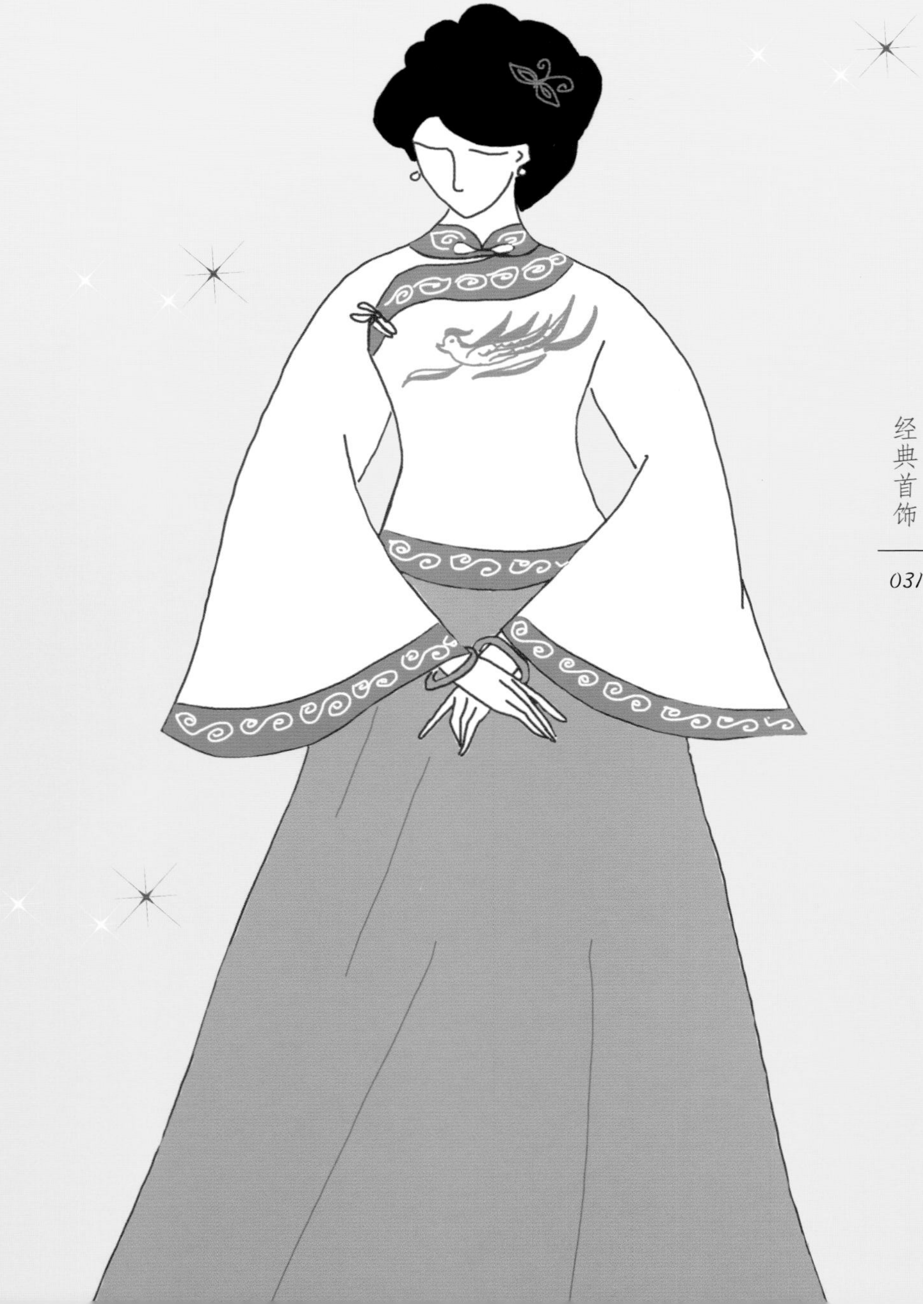

♦ 足踝魅力——脚链

细细的脚踝，也能让人心生怜爱。作为脚踝上的装饰品，要凸显的是纤细感，因此，线条粗犷的造型不适合。

脚链可以是金属链，也可以是皮绳或者红绳链。作为本命年的特殊饰品，红绳链受到很多人的喜爱。造型上，纤细流畅是主流，可配合细细的珠子或其他精致的配饰，不影响行走，又能让足踝生辉。

脚链适合裸足，适合夏季使用。最佳搭配伴侣是露趾凉鞋或凉拖。让人感觉清新可爱，休闲风蔓延。

　　脚链是不适合搭配正装的，如果是正装西裤，裤子长度合适，脚链不外露，作为本命年的红绳链，继续戴在脚上，那倒无碍观瞻。但如果是裙装，穿上长丝袜，脚链包裹其中，在脚踝处突出，不但起不到装饰的效果，还破坏了腿部线条的流畅性。如果是搭配在厚丝袜外，那就更加破坏整体服饰的庄重感了。

　　脚链也可以DIY，量好尺寸，选择合适的材质，不需要很贵重，只要心意到，简简单单，也可编织出脚踝上的花样年华。

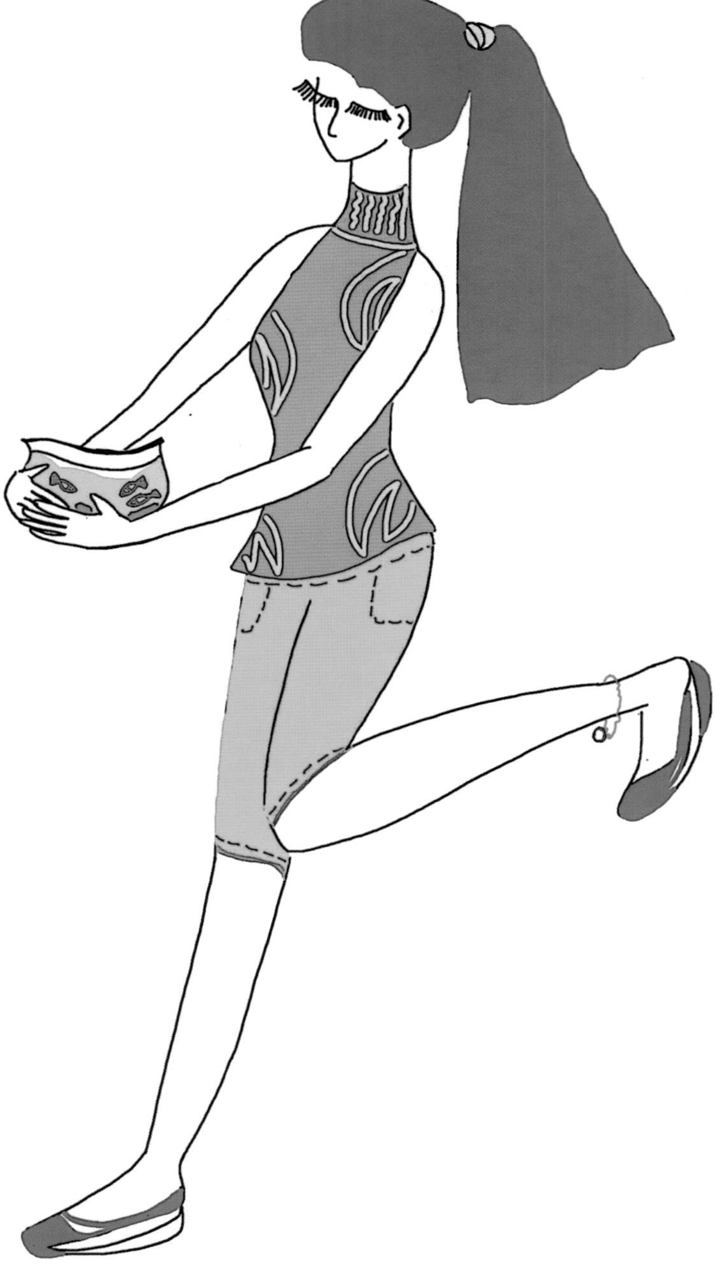

精彩配饰

谁说配角不能是万众瞩目的焦点，
不能拥有完美的人生？

饰魅

♦ 方寸绚烂——丝巾

　　丝巾确实是不能忽视的精彩配饰。小小的一方布头，如果你以为是边角料那就大错特错了。那方寸之间的芳华，没有一个设计师会怠慢，越是小的画幅，越能考验设计师的功力。爱马仕（Hermès）是以丝巾最为著名就不用说了，此外，其他的奢侈品大牌，如香奈儿（CHANEL）和古琦（GUCCI）也给丝巾留够了空间。

丝巾除了面料及图案能不断推陈出现，使用的位置及系法也在不断地挖掘，屡出新意。

最经典的系法，也是最基础的系法，值得丝巾控们收藏和熟练运用：

　　丝巾可作为头巾或发带使用，但最常用的还是颈脖处的装饰。如果想跳出寻常，那就试着用在手臂上，手腕处，丝巾的妩媚一定能为美丽加分。如果腰部够纤细，自己足够自信，还可试着把丝巾当腰带，这样能给整体服饰提高时尚度，很值得尝试。近年来流行的丝巾包，也让丝巾发挥了超强的装饰功能，一款严肃庄重的通勤包，只要加上丝巾点缀，马上能呈现出不同

　　有些大服饰品牌设计的丝巾图案非常独特，所以，甚至有人把丝巾当成了服装面料，做成了衣服。香港著名的老牌影星汪明荃，结婚时的婚服旗袍，就是用LV丝巾剪裁而成的。

　　浓缩的都是精华，说的，正是方寸之间，无比绚烂的丝巾。

◆ 点睛之笔——胸针

　　提到胸针，不能不提到一个名女人——美国前国务卿奥尔布赖特。她在自己的职业生涯内，为胸针登上配饰的巅峰做了最有力的推动。每次在公共场合露面，她必胸佩美饰。胸针既是饰物，更是她外交气质的代言物。

　　这是把胸针用到极致的范例。配饰无言，但却散发着一种强大的气场，做奥尔布赖特的胸针，那也不是一件寻常的事，非有慑人气势不能担当。

　　因为胸针属于服饰上的点睛饰物，在材质选择上更要精心。一般来说，要选择有光泽的材质作为主体材质。宝石类和钻石类是很好的选择，作为大众化的饰物，使用仿品亦可。另外，性格谦和的女子，还可尝试下珍珠做成的胸针，温润的质地和光泽，能很好映衬女子的美好品性。

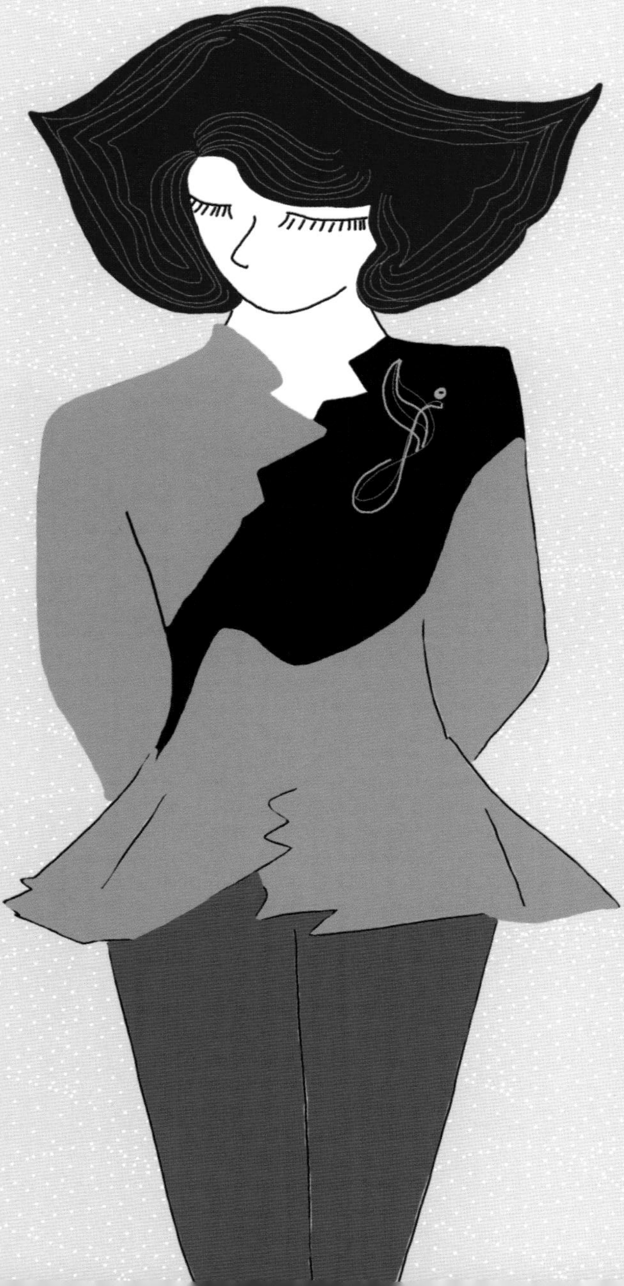

胸针也可亦庄亦谐。个性者，可以逆流而上，摒弃华贵材质，非主流一把。只要自己觉得美丽，就算是树上掉落的枯枝，经过自己的设计，都能做成一枚独一无二的胸针。从这个思路蔓延下去，是不是发现做一个首饰设计师，其实也没那么不易？

如果是突出品质的胸针，那就按规矩来吧，高贵的材质，庄重的场合。把无言的胸针请出场，能够破除正装带来的拘谨感，带来新意。

你的胸针，由你做主。

♦ 腰间婀娜——腰带与其他腰饰

"柳叶眉，杨柳腰"，这是多少女子梦寐以求的。有腰没腰，女人的命运会很不一样。

腰肢婀娜，意味着拥有美好身材，意味着这个女子拥有天赐的优待，不需要花费大量时间去忧虑，去减肥，去在意别人的眼光。获得的时间，可以好好去享受生活，去接触更多更精彩的人和事。

于是，"有腰"的女子，很想和世人分享这份喜悦，腰带和腰链，就是她们表达喜悦的物件。

如果追求功能为主，各种真皮材质的为首选，其次，耐用的布质，如帆布也是很多人喜欢的。在宽度上，既不能太细勒着不适，也不能太宽以致无法与裤头及裙头匹配。

如果是装饰为主，腰带的形式就可以很活泼了。材质和形态，都能随心设计。可极尽繁复，也可奉行极简主义，做到极致，就成了自得的风格。

除了腰带，还有腰链和腰封等其他的腰饰为众人熟知。腰链凸显的是女性的柔美气质，细细地绕在腰上，腰封，则希望强调相对中性的硬朗气质，但腰部如过宽过短，则不适合了。

寻觅到最适合自己的那款，与柔软腰肢相得益彰，这样的腰之美饰，谁人不爱。

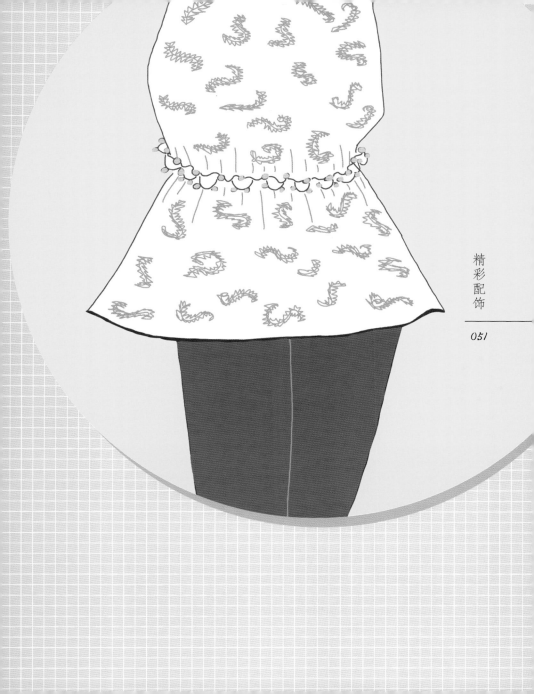

◆ 袖口隐士——袖扣

袖扣是用在专门的袖扣衬衫上，代替袖口扣子部分的，它的大小和普通的扣子相差无几，却因为精美的材质和造型，更多的造型款式和个性化需求的定制，很好地起到装饰的作用，在不经意间，让原本单调的礼服和西装风景无限。

袖扣，彰显的是一种低调的奢华。如隐士般，但并没有躲入深山，而是身处喧闹边缘，在一个寻常的位置，暗暗释放它的光华。

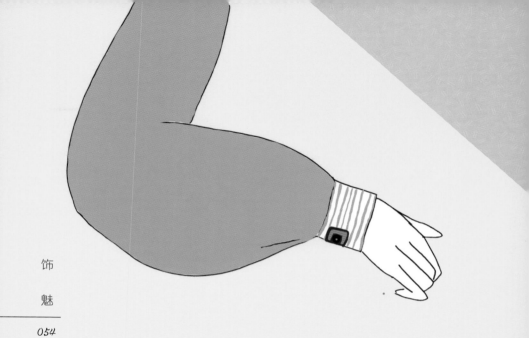

饰魅

袖扣有一种不疾不徐的气度，在安静地等待机会，不用张扬，在不经意间闪现，就能让人一见倾心。

等你回头张望，寻觅它的踪迹，它已经退回到安静的角落，修身养心去也，直到下次闪回，再次一见惊心。

它以一颗扣子的形态，却做到了与众不同，厚积薄发。袖扣的人生，并不平凡。

精彩配饰

◆ 腕间品质——手表

手表的功能，并不仅仅在于看时间。作为手腕间的饰物，手表因与时间相关，营造的严谨感让人对佩戴者产生一种天然的信任。

手表是一个提振自己，也提振别人的特殊饰物。戴上手表，行为上，会让自己更加警觉，对人对事，都保持一份敬畏心，与休闲状态，和倦怠状态都自觉保持距离。

手表的品质千差万别，仅仅作为标志时间的物件，精准度可看出品质。此外，材质和做工，更是手表身价的附加值。如果用手表作为炫富的陪衬，收获的，往往是嘲笑和不屑。只有真正和手表心心相吸，才能体会这个如实记录时间的物件内心那种处事不乱和宠辱不惊的气度。

　　爱表之人一般都有着孩童般的执拗。不懂变通但却认真地可爱。也许少了情趣，但却足够安全。

　　手表其实是很中性化的饰物，如果实在要强化它的女性特质，那就在表带上下下功夫，无法改变的必要元素只能保持原样，但表带还是可以承载设计师的想象力的。千娇百媚，颠倒众生，只要想做，一只手表也可以实现这样的华丽变身。

包包

既可包容天下，
也可周旋于方寸之间。

饰魅

❥ 大肚能容——大包

据说，爱用大包的女子很缺乏安全感。所以，才用大大的包，填满自己心头最脆弱的地方。

不管这个判断是否有所偏颇，大包招人爱是事实。大大的容量，如同一个没心没肺的傻姑娘，从不计较，从不挑剔，给什么，就"吃"什么。从工作文件到女孩子家的私人物品，都可分门别类地装好。不用担心空间拥挤需要舍掉哪样。无论是通勤还是出外游玩，一包可行走天下。

　　大包可不光是大个子的专属，越来越
多的小个子女生也表现出了对大包的狂热
喜爱。谁说小个子女生Hold（抓）不住大
包，只要会搭配，也能秀出好效果。要注
意一下几个原则：

　　1. 大包不要长过上衣下摆。

　　2. 大包的宽度不要太夸张

　　3. 大包最好和迷你裤或迷你裙搭配。

大包的材质，以软质材质为主，皮质或布质均可。选用软质材质，主要是考虑到大包的可塑性，避免大包过于硬朗的外形过分夸大包包的体积。

　　如果希望走休闲田园风，可背个大大的草编包，让自然的材质安抚平时纷繁的心绪，让自己慢慢平静下来。

　　平日里循规蹈矩，通勤打扮习惯到骨髓里的你，想过改换下心情吗？背个朋克风格的大包，那种帅帅的洒脱，就能让人看到和平时不一样的你。换个包包，就能体会不一样的人生，这样的感觉很神奇吧。

　　包如其人，有时不够准确，但包随人心，也许是有道理的。你选择了大肚能容的大包，也许就选择了大肚能容的生存哲学。

▸ 方寸之间——小坤包

有些时候，我们并不想让太多杂乱无章的东西和我们同行。它们也许是有用的，可对于我们要去的目的地，它们却不需要参与，所以，我们把它们留在家里，只带上最必须的那部分。最必须的那部分，不用占有大大的空间。小小的坤包足以。

如果说，大包照顾的是面面俱到的安全感，小坤包奉行的就是简约主义。需要自己学会取舍。学会给需求排序。

　　因为小坤包的体积小，为强调存在感，材质上可选用容易造型的皮制或硬质的布类。内袋设置比较细致，有利于使用者分门别类放置物品。

　　喜欢背小坤包的女子，一般都有着细密的心思和缜密的行事风格。与喜爱大包的风风火火的女子不同，她们显得比较内敛和温和，不爱张扬，但也自有一分内秀的魅力。

　　方寸之间，可见小坤包玲珑细致的内心，包如此，人亦然。

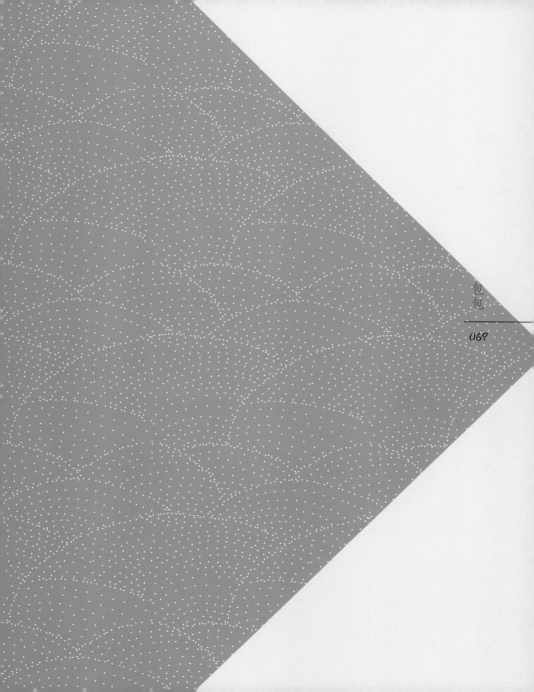

包包

069

▸ 财富聚集——钱包

　　钱包具有收纳"财富"的
功能。大票子，小票子，各种
银行卡，各种VIP会员卡，在钱
包这个折叠起来的空间里，各
得其所，各安其位。

　　以前，判断一个人是否经济宽裕，会说，看这个人的钱包鼓不鼓，那时，银行卡还没盛行，结算还是靠现金。钱包的主要功能当然也就是装现金，在设计上，要根据钱币的面值设置几个隔断，让大面额的票子和小面额的票子都各得其所。

　　后来，银行卡开始流行了，钱包的厚薄和财富的多少不再挂钩，财富的面子再也不需要用钱包的丰满程度来体现。薄薄的小卡片，让财富不显山不露水。钱包的设计，也从重点关注现金的收纳转移到对各种银行卡和结算卡的收纳上去了。

　　男用钱包颜色庄重，设计元素简洁大气。和男人稳重的气质相符，女用钱包，则颜色多样，针对不同性格不同需求，或端庄或俏丽，甚至和服饰的颜色和样式都能呼应。女用钱包，跳出了简单的收纳功能，体现出更多的时尚元素。

如果觉得市售的钱包太平庸，手工达人可以自己DIY。棉布、帆布都是很好的材质，如果对自己的手艺更自信，可选取一块好皮子，选个粗犷的风格，做个纯自然风的钱包。

　　如果是商务人士，在钱包的选择上，无论是男性女性，皮质优质，颜色深沉，简洁大方的类型是首选，如果是商务宴请，钱包出手，基本算是本人的品质代言，不可不重视。

♦ 收放自如——手包

手包，如果是正式场合使用，一般商务场合或派对使用。如果是休闲的用途，那就类似零钱包，在家附近溜达或出门买个菜时方便使用。

手包使用的是手的抓力，容量都不大，内装文件或其他需要随身携带的个人物品。比较常见的有商务的信封包和更适合派对使用的口金包。

信封包

其实就是包包中的"大信封"，容量相当有限，能够放进开会用的文件及笔，一般采用皮质，牛皮为上佳选择，不奢华，但又有足够的品质。信封包的大小相当于一张A4纸。可以手抓，也可以夹在腋下。

口金包

这类包上得厅堂，下得厨房，真正是雅俗共享。上厅堂的殿堂级口金包，一般会在口金与包的材质及点缀上下功夫。镶嵌宝石甚至钻石都不为过。如果是寻常使用，那就简单多了，喜欢质朴风格的就用棉布，如果还追求些小格调，绸缎的也不错。点缀上，肯花心思的，绣个花儿，钉个珠子，都是锦上添花。

手包因为没有肩带或其他背带，显得更加简洁，收放自如，一切都为"方便"二字服务。

个性美饰

不可否认的另类美感，
不能忽视的非主流魅力

饰
魅

♦ 裸露的性感——脐环

之前我们认识脐环，只是当
成异域风情，可远观，而没有勇
气尝试。毕竟，裸露肚脐需要很
大的勇气。这不仅需要腹部美丽
线条的配合，更需要在心理上放
开自己，敢于展示美。

脐环的流行，和肚皮舞的流行有很大关系。这种充满异域色彩的舞蹈不知从什么时候起，开始进入我们的生活，成为健身运动的一种选择。丰腴的肚皮，曼妙的舞姿，让我们更新了原有对美的定义。

于是，露脐装也顺势风云再起。有了脐环的加入，更增添了性感的成分。

脐环直接接触皮肤并有摩擦，需要测试皮肤是否对其材质过敏。在造型上，除非是舞台需要，过于华丽的，并不适合日常的装束。

肚脐周围，除了脐环，还有脐钉这样简化的装饰物。脐钉如同耳钉，注重的是点到为止的含蓄美感，更适合初初尝试的人佩戴。

　　如果对自己的身材充满自信，那就大胆秀出性感的腹部，和脐环来一次亲密的接触。

♦ 臂上风景——臂环

臂环是手镯的上延伸。一般佩戴的位置是上臂。佩戴臂环的潮流引领者是明星。他们在各种时尚场合佩戴，表达自己与众不同的气质。有了这样的示范，臂环很快就在都市潮人中推广开来，越来越多爱美之人进入臂环的佩戴人群中。

臂环是潮流产物，所以不适合正式工作场合或者商务场合佩戴。休闲和非正式场合佩戴，可彰显个性，增加手臂的美感。表现出对自己身材的自信。

皮质的、木质的臂环，可穿上长长的棉布裙，背上大大的草编包与之相配。

如果是露臂晚礼服，那就需要精致的镶钻臂环才能承托华贵的气质。

日常佩戴，可以选择细细的珠编臂环，轻轻覆盖在手臂上，不影响手臂的活动，但又强调了手臂的存在感。

　　但佩戴臂环也并非人人适合，手臂不够纤细，赘肉较多的，就不适合佩戴。如果想尝试这潮流的美饰，可先把手臂瘦下来，这也算是饰物对人的正向反作用力吧。这和削足适履不同，让自己的手臂线条更漂亮，只要控制饮食，加强锻炼，还是能做到的。管理身材和管理人生是一样的道理。

　　做个美饰达人。亮出自己的手臂吧！今天，你臂环了吗？

◆ 指尖玫瑰——甲饰

　　对于女人来说，指甲的作用不仅仅是保护手指，那是个可以强调个人风格的的"美丽重地"。从古到今，女子的甲上乾坤就一直在古典和推陈出新中不断吸引世人的目光。

　　清朝的宫廷女子，更是把指甲上的艺术渲染到登峰造极。

　　指甲油满涂是太常规的扮靓手段，过于中庸。美甲店的细致勾画虽然美丽，但却属于一次性的艺术，保留不了几天，就只能惋惜地洗掉重来。

不妨试试甲饰。

　　可以把甲饰看成指甲的影
子。它们以指甲的造型，尽情点
缀，充分发挥想象力，要多美就
能有多美。不用担心它们成为负
担，在你需要的时候，它们套上
指头，如果场合不对，摘下来就
好，下次使用，依然光彩照人，
不会变成残垣断壁。

物与人的关系，正如甲饰与指甲的关系，物为所用但又随时可分，在适当的距离，人淡如菊。

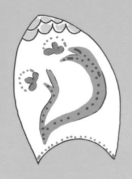

个性美饰

091

◦ 包上精灵——包饰

　　一款包包，主体的风格是
确定的，如果想打破风格，可
在包上的装饰物方面做文章。

优雅的包饰：**丝巾**

丝巾是上天派来拯救表情严肃的各种包包的。只要装饰上丝巾，无论多拘谨的包包，都能褪下面具，活泛起来。

童心的包饰：**卡通挂饰**

　　童心未泯不是缺点，阳光灿烂的童
年，浓缩成卡通挂饰，依附在包包上，可
稍稍稀释成人世界给我们带来的沉重感。
让我们能赖在童年的梦幻中晚些时候再
醒来。

明志的包饰：**玉石挂饰**

　　玉，石之美者，以玉石作为挂饰，代表了自己对美好品质的向往，挂饰也是一种代言。

田园的包饰：**布艺挂饰**

　　DIY正盛行，挑个可心的造型，做个布艺小玩意，不会和别的挂饰撞脸，个性满分。

饰
魅